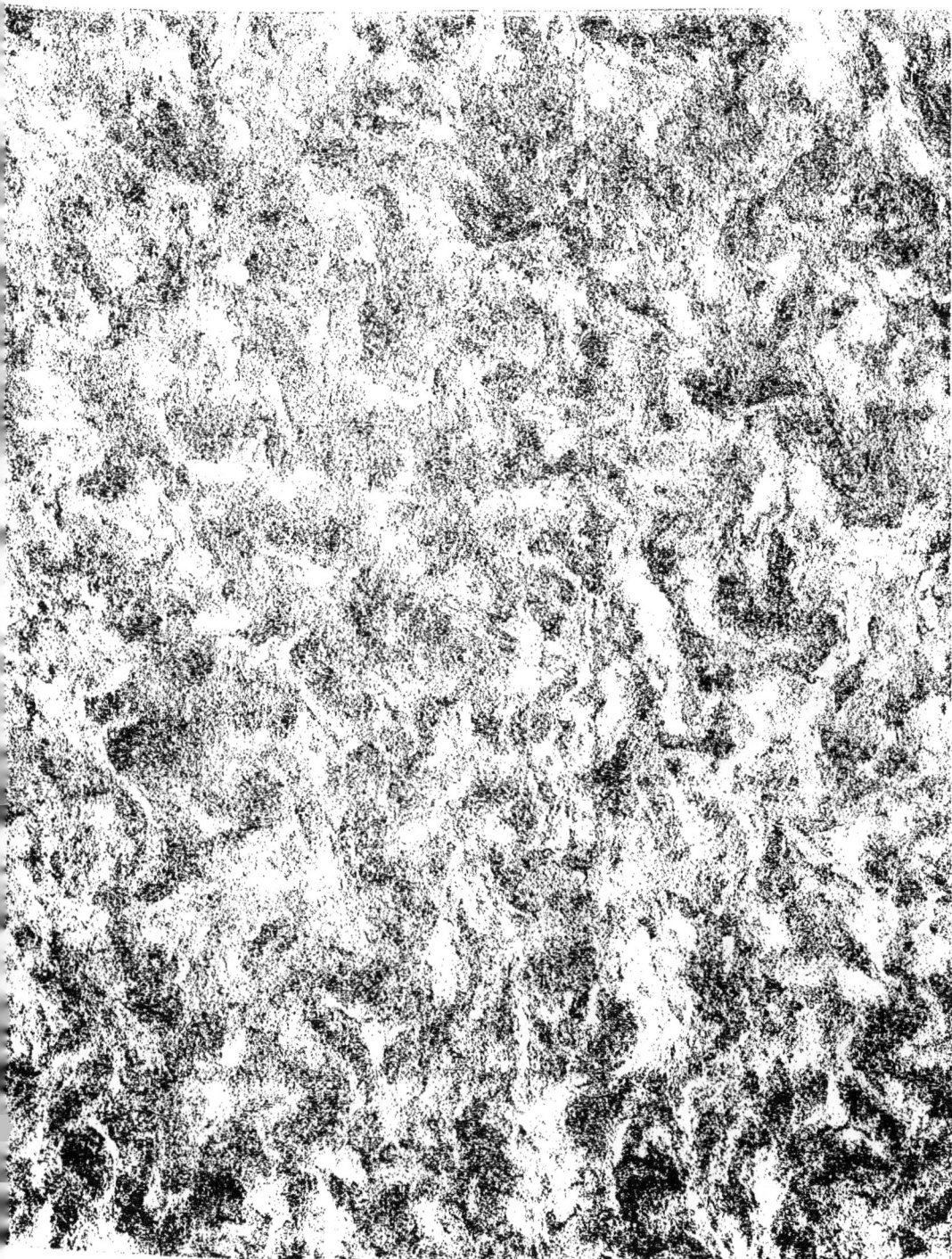

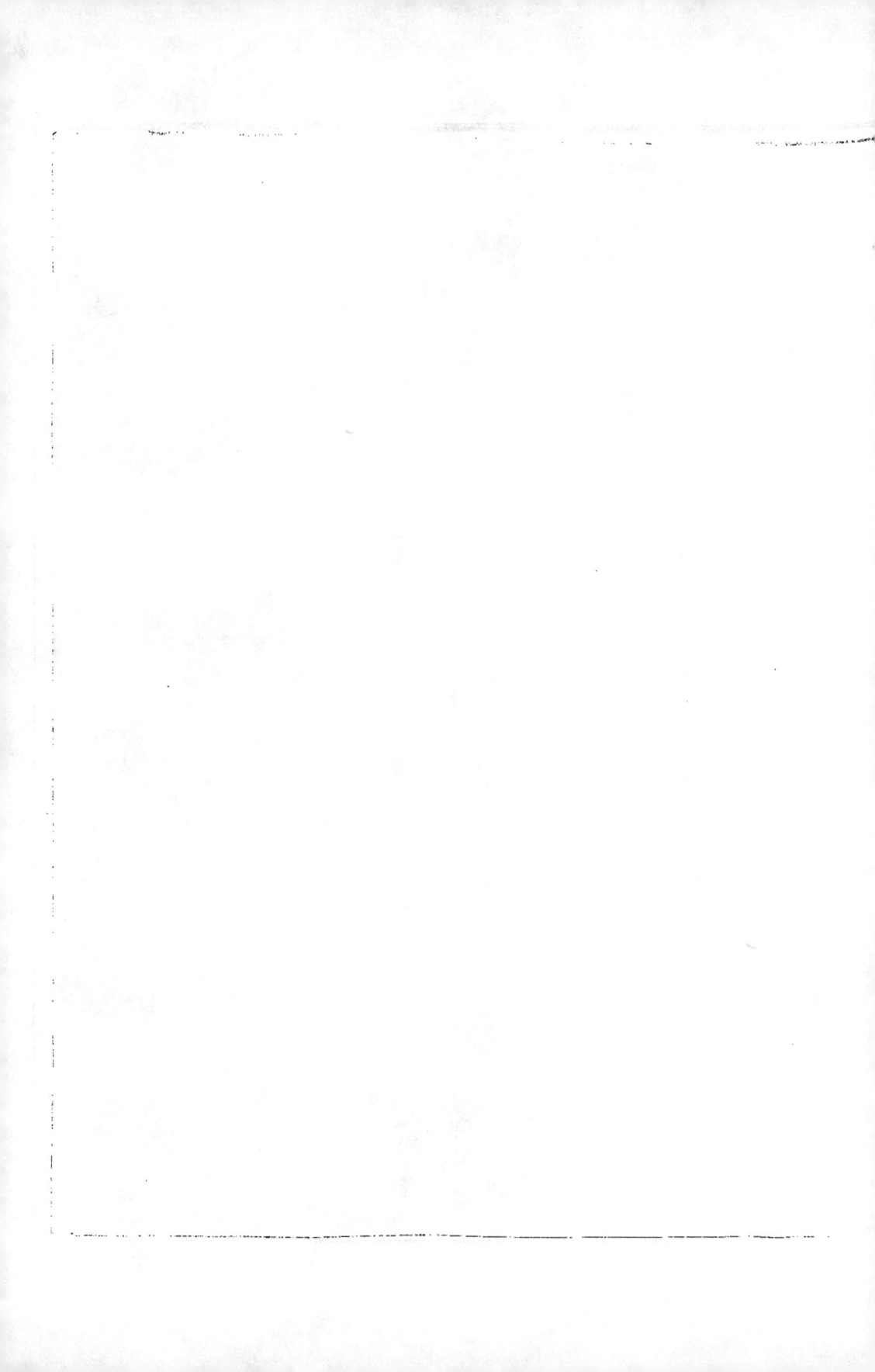

MÉMOIRE

SUR LE CINTREMENT

ET LE

DÉCINTREMENT DES PONTS;

Et fur les différens mouvemens que prennent
les voûtes pendant leur conftruction.

*Lû à l'Affemblée publique de l'Académie Royale
des Sciences, le 21 Avril 1773.*

Par M. PERRONET, Affocié-Libre de la même Académie.

A PARIS,
DE L'IMPRIMERIE ROYALE.

M. DCCLXXVII.

MÉMOIRE SUR LE CINTREMENT
ET LE
DÉCINTREMENT DES PONTS;
Et sur les différens mouvemens que prennent les voûtes pendant leur construction.

LA construction des grandes arches, telle que celles de plusieurs Ponts faits en France depuis une trentaine d'années, demande beaucoup plus d'art & de soins, que ne pouvoient l'exiger des arches de grandeur ordinaire & peu surbaissées.

Indépendamment du choix des matériaux, de l'exactitude de l'appareil & du soin avec lequel les pierres doivent être taillées & posées, le succès de ces grandes arches dépend essentiellement de la manière de les cintrer & décintrer; faute d'y avoir donné assez d'attention, il est souvent arrivé que les courbures des voûtes ont été corrompues, & même que quelques-unes des arches sont tombées. Ces considérations qui intéressent des travaux de la plus grande importance, m'ont paru mériter l'attention de l'Académie, du Public & des Artistes qui sont chargés de les projeter & faire construire.

Je me propose, dans ce Mémoire, d'exposer 1.° comment il me paroît le plus convenable de faire le cintrement en charpente, pour la construction des ponts de pierre.

2.° Les différens mouvemens que prennent les voûtes pendant leur construction; matière intéressante qui n'a pas encore été traitée.

Et 3.° la méthode que j'ai employée avec succès pour le décintrement des plus grandes arches.

Cintrement des Ponts.

Pour conftruire les ponts de pierre en général, on eft obligé d'employer une charpente nommée cintre, ou par les Italiens *armature*, qui foit affez forte pour en foutenir les voûtes jufqu'à ce qu'elles foient fermées ; cette charpente eft compofée d'affemblages pofés verticalement, nommés *fermes*, que l'on eft dans l'ufage d'efpacer à fix & fept pieds de diftance les unes des autres, & de pièces horizontales nommées *couchis*, qui font deftinées à porter, dans leur milieu, chaque cours de vouffoirs d'une ferme à l'autre ; on met de fortes calles fous ces couchis, & de plus petites pour achever de garnir chaque rang de vouffoir, fuivant la hauteur qu'exige la courbure de la voûte ; les fermes font enfuite liées par des moifes *(a)* & des liernes *(b)* pofées horizontalement, & entretenues avec des pièces en contrefiches, d'un & d'autre côté, pour en prévenir le déverfement.

Les fermes font ordinairement faites avec des pièces horizontales nommées *entraits*, des arbalétriers, des poinçons, des moifes pendantes & potelets : le tout affemblé avec tenons & mortoifes, & boulonné : on peut voir dans le *volume des Mémoires de l'Académie de 1767,* les deffins d'une ferme qui ont été données par M. Pitot, pour une voûte en plein cintre, & pour une furbaiffée, chacune de 60 pieds d'ouverture ; les entraits & même les arbalétriers doivent, fuivant ces deffins, être chargés latéralement, c'eft la façon la plus défavantageufe dont on puiffe difpofer les bois, & qui exige néceffairement d'en augmenter la quantité pour porter le même fardeau.

Lorfque les fermes ne font appuyées que contre les culées & les piles des ponts, on les nomme *fermes retrouffées ;* chaque point d'appui peut être, pour lors, établi fur une feule pièce

---

(a) Ce font des pièces qui embraffent jointivement d'autres pièces de bois.

(b) Ce font d'autres pièces fimples, qui ne font entaillées que de quelques pouces contre les pièces qu'elles doivent entretenir.

de bois nommée *jambe de force*, au lieu de l'être fur plufieurs files de pieux, comme on étoit affez fouvent dans l'ufage de le faire.

Les tenons & les mortoifes affoibliffent les bois ; on doit les fupprimer, en affemblant les principales pièces des fermes nommées *arbalétriers*, fur plufieurs rangs, en liaifon l'un fur l'autre, & de telle forte, que les bouts de l'un des rangs répondent au milieu des arbalétriers fupérieurs, avec lefquels ils formeront des figures triangulaires, qui auront pour bafe la longueur entière d'un arbalétrier, & pour côtés, deux demi-arbalétriers du rang de deffus. Les principales pièces doivent être moifées au milieu de leur longueur, ainfi qu'à leur extrémité, & boulonnées.

Cette manière de difpofer les bois des fermes, qui a été employée par M. Manfard de Sagonne, au pont de Moulins, m'a paru la plus convenable, & je l'ai adoptée, en retranchant néanmoins beaucoup de bois que j'ai reconnu être inutile.

Les cintres s'affaiffent après leur affemblage, & auffi fous le fardeau des voûtes pendant leur conftruction, foit par la compreffion des fibres du bois, ou par un peu de courbure que prennent les arbalétriers, ce qui doit obliger de furhauffer fur l'*ételon*, ou l'épure du charpentier, la vraie courbure des arches, de la quantité à laquelle cet affaiffement peut être évalué d'après l'expérience.

Je vais expliquer les principales dimenfions & les affemblages des fermes que j'ai fait conftruire pour des arches de 60, 90 & 120 pieds d'ouverture, ainfi que le réfultat des obfervations que j'ai faites à ce fujet.

Arche de 60 pieds d'ouverture.

L'arche du milieu du pont de Cravant, fitué fur la rivière d'Yonne, de 60 pieds d'ouverture, & 20 pieds de hauteur fous clef depuis les naiffances, a été cintrée avec cinq fermes retrouffées, efpacées à 5 pieds & demi de milieu en milieu ; chaque ferme compofée de trois cours d'arbalétriers, le premier & le troifième de cinq pièces, & celui du milieu de quatre ;

ces cours d'arbalétriers étoient posés l'un sur l'autre, assemblés triangulairement & retenus avec des moises, comme je l'ai expliqué ci-devant ; chaque arbalétrier avoit 1 5 à 1 8 pieds de longueur, & 8 à 9 pouces de grosseur ; les moises avoient même grosseur pour chaque pièce, sur 7 à 7 pieds & demi de long : la grosseur de chaque cours de couchis étoit de 4 à 5 pouces ; la pierre employée à ce pont, pèse 1 7 6 livres le pied cube, & l'épaisseur de la voûte est de 4 pieds à la clé.

Arche de 90 pieds.

L'arche, *dite de Saint-Edme*, construite à Nogent-sur-Seine, & finie en 1 7 6 9, a 9 0 pieds d'ouverture, sur 2 6 pieds de hauteur sous clef depuis les naissances : elle a été cintrée avec cinq fermes retroussées, espacées à 7 pieds de milieu en milieu, chacune formée de trois cours d'arbalétriers, comme au pont précédent ; le premier & le troisième cours étoient faits de cinq pièces, & celui du milieu de quatre pièces, chacune de 1 8, 2 0 & 2 2 pieds de longueur, & de 1 4 à 1 6 pouces de grosseur ; les moises avoient la même grosseur que les arbalétriers, sur 7 & 8 pieds de longueur ; chaque cours de couchis avoit 6 à 7 pouces de grosseur.

Ces cintres étoient de la plus grande force ; je crois qu'il auroit suffi de donner 1 2 à 1 5 pouces de grosseur aux arbalétriers, comme le portoit le devis, au lieu de 1 4 à 1 6 pouces que l'Entrepreneur leur a donné, pour employer ses bois tels qu'il avoit pu les trouver dans les forêts.

Le grès dont est construit ce pont, pèse 1 8 0 livres le pied cube, & l'épaisseur de la voûte à la clef, est de 4 pieds 6 pouces.

Arche de 120 pieds.

Chacune des cinq arches du nouveau pont de pierre de Neuilly, de 1 2 0 pieds d'ouverture, sur 3 0 pieds de hauteur sous clef depuis les naissances, & 4 5 pieds de largeur, a été cintrée avec huit fermes retroussées, espacées à 6 pieds de milieu en milieu ; chaque ferme étoit composée de quatre cours d'arbalétriers difposés en liaifon & triangulairement, comme ceux des deux arches précédentes ; celui du deffous des fermes étoit compofé de huit pièces ; les deuxième & quatrième chacun de fept, & le troifième de fix pièces qui avoient toutes depuis 19 jufqu'à 23 pieds de longueur, & 14 à 17 pouces de groffeur ; les moifes pendantes, au nombre de treize, avoient 9 à 10 pieds de longueur, fur 9 à 15 pouces de groffeur pour chaque pièce : le tout étoit lié avec cinq moifes horizontales de 9 à 15 pouces de gros, & huit liernes de 9 pouces auffi de gros ; les couchis avoient 7 à 8 pouces de groffeur ; les calles de deffous & de deffus de ces couchis avoient, l'une 6 à 7 pouces, & l'autre, qui eft celle du pofeur, environ 2 pouces de hauteur : en forte que l'intervalle d'entre le deffus des fermes & les voûtes, étoit de 17 à 18 pouces, étant néceffaire de lui donner au moins le double de la hauteur des couchis ; cette hauteur s'eft même trouvée encore augmentée pendant la pofe de 6 à 8 pouces dans le haut, par l'affaiffement des fermes qui a obligé d'augmenter fucceffivement la hauteur de ces calles.

Les cintres de l'arche du milieu du nouveau pont de Mantes qui a également 120 pieds d'ouverture, étoient auffi retrouffées, & j'avois donné aux pièces de bois la même difpofition entr'elles, & à peu-près la même groffeur qu'aux fermes du pont de Neuilly.

La pierre qui a été employée à ce pont, & à celui de Mantes, eft en grande partie de la même carrière de Saillan-court près Meulan ; elle pèfe 165 livres le pied cube, un peu plus ou moins, fuivant les différens bancs ; l'épaiffeur des voûtes eft de 5 pieds à la clé.

Pour mieux faire entendre ce que l'on vient de dire fur les fermes de ces différentes grandeurs d'arches, on joint au préfent Mémoire, le deffin d'une ferme de chacune de ces arches.

A iv

Différens mouvemens que prennent les voûtes pendant leur construction.

On peut commencer à poser les premiers cours de voussoirs sans cintre de charpente, jusqu'à ce qu'ils viennent à glisser sur les voussoirs inférieurs; cela doit arriver à peu-près comme pour les pierres qui sont posées sur une pièce de bois sciée & non rabotée, ainsi que je l'ai observé dans mon Mémoire inséré dans le Volume de cette Académie de l'année 1769; lorsque le dessus de ces pierres est incliné avec l'horizon, de 39 à 40 degrés, au lieu de 18 degrés 20 minutes que donne l'angle des frottemens des corps polis pour les petites masses: je dis les petites masses, parce que cet angle se réduit à environ 4 degrés pour les grosses masses, tels que le sont les vaisseaux qu'on lance à la mer, sur un plan auquel on donne ce peu d'inclinaison, comme je l'ai dit dans le même Mémoire.

Les cours de voussoirs que l'on pose ensuite de chaque côté, commencent à charger les cintres; cette charge qui augmente successivement jusqu'à ce que la clef soit posée, en faisant un peu baisser la partie inférieure des cintres, tend en même temps à faire remonter la partie supérieure; motif pour lequel on est obligé de la charger de voussoirs, qui étant tous taillés, sont employés ensuite au haut des voûtes, & cela se fait à mesure que la voûte s'élève, pour assujettir les fermes & les empêcher de remonter.

Cette charge a été portée, pour l'arche de 60 pieds, à 67 mille 500 livres; la voûte étant pour lors élevée au treizième cours de voussoirs, faisant la septième partie de sa totalité pour chaque côté; les cintres n'avoient pas été surhaussés; ils ont pu baisser d'un pouce sous le poids de la voûte.

Le poids total de la voûte, avant que la clé fût posée, étoit d'environ 1 million 350 mille livres, & ce poids doit, d'après le calcul fait par M. Couplet, & rapporté dans les Mémoires de l'Académie, année 1729, être réduit pour les quatre neuvièmes ou environ, à 600 mille livres pour la charge des cintres, & à 120 mille pour celle de chaque ferme.

La charge, sur la partie supérieure des cintres de l'arche de 90 pieds, a été de 350 mille livres ; on posoit pour lors les quinzièmes cours de voussoirs, faisant près de la sixième partie de la totalité pour chaque côté ; les cintres qui avoient été surhaussés seulement de 3 pouces de plus que la courbure que devoit avoir la voûte, se sont d'abord affaissés de 2 pouces sous cette charge, & ensuite relevés d'un pouce ; lorsque l'on a posé les vingtièmes cours de voussoirs, en s'aplatissant un peu sur les reins ; quand la voûte a été faite aux trois quarts, les cintres ont encore baissé d'un pouce & demi par la seule compression des bois, sans que l'on ait remarqué de renflement au droit des reins, & de 3 lignes seulement de plus sous la charge totale ; alors il n'est plus resté que 3 lignes du surhaussement des 3 pouces que l'on avoit donnés à ces cintres.

Cette charge totale pour les cintres, avant que la clef fût posée, étant réduite, comme je l'ai expliqué ci-devant, devoit monter à 1 million 245 mille livres, & celle de chaque ferme à 249 mille livres.

Pour les arches de 120 pieds du pont de Neuilly, on a commencé à la fin de 1771 à charger le sommet des fermes de cinquante-deux voussoirs, du poids chacun de 5 mille livres, le tout pesant 260 mille livres ; elles ont été comprimées sous cette charge seulement de 9 lignes, & ne l'ont pas été davantage pendant tout l'hiver ; il y avoit pour lors dix-huit & dix-neuf cours de voussoirs posés de chaque côté des arches.

Le 7 Juillet 1772, la charge du haut des cintres, & la plus grande qui ait été mise, étoit de cent quatre-vingt-six voussoirs, qui pesoient environ 930 milliers, indépendamment de ce qu'il y avoit pour lors quarante-six cours de voussoirs de posés de chaque côté, le tassement total n'a été que de 19 lignes.

C'est le 26 du même mois qu'on a achevé de poser les clés, & pour lors l'affaissement total qui avoit augmenté

A v

senfiblement chaque jour fous la charge des vingt derniers cours de vouffoirs, s'eft trouvé de 13 pouces 3 lignes.

La charge totale des cintres étoit pour chaque arche, avant que les clés fuffent pofées, de 2 millions 400 mille livres, & pour chacune des huit fermes, de 300 mille livres: le tout à peu-près.

Cet affaiffement inévitable des fermes, occafionne d'abord une ouverture dans les joints fupérieurs des vouffoirs à peu de diftance de l'aplomb des naiffances, fur-tout aux grandes arches, & enfuite fucceffivement plus haut, à mefure que l'on élève la voûte; ce qui fait craindre aux perfonnes qui ne connoiffent pas ces fortes de conftructions, que ces effets ne foient occafionnés par un défaut de foin, & ne puiffent nuire à la folidité; mais ces joints fe referment enfuite, après que les chefs font pofées; c'eft ce que j'expliquerai dans la dernière partie de ce Mémoire, en parlant du décintrement des voûtes.

A l'arche de 60 pieds dont j'ai parlé, on ne s'aperçut de ce mouvement qu'en pofant le dix-huitième cours de vouffoirs de chaque côté; l'effet fut très-peu fenfible.

L'arche de 90 pieds étant élevée de chaque côté au vingtième des quatre-vingt-quinze cours de vouffoirs qui compofent la voûte, le joint s'ouvrit jufqu'à 9 lignes au-deffus du quinzième cours de vouffoirs, traverfant le maffif des reins de la voûte, près de l'aplomb du nu des naiffances de l'arche, ce qui occafionna verticalement une féparation du derrière des vouffoirs, en defcendant jufqu'au feptième cours, d'avec les affifes courantes & horizontales des culées.

Peu de temps après, ces joints ayant commencé à fe refermer, il s'en ouvrit d'autres à l'*extrados* ou au haut des vingt-fixième & jufqu'au trente-unième cours de vouffoirs, chacun de près d'une ligne de part & d'autre de l'arche.

Aux arches joignant les culées du pont de Neuilly, les joints fe font ouverts à leur *extrados*, du onzième jufqu'au trente-fixième cours de vouffoirs de chaque côté, depuis un quart de ligne jufqu'à deux & trois lignes, excepté celui d'entre

les vingt-fix & vingt-feptième cours de vouffoirs qui s'eft
ouvert de 10 lignes à l'arche de la culée, fituée du côté de
Neuilly, & de 6 lignes feulement à celle de l'autre culée;
le tout du côté de ces culées: ces ouvertures ont été moins
grandes aux autres arches.

Peu de temps après la pofe de la clé, les joints de l'*intrados*
ou côtés inférieurs des vouffoirs, fe font ouverts au-deffus du
trente-fixième cours jufqu'au cinquante-fixième, qui joignent
les clés, depuis un quart de ligne jufqu'à une ligne, mais
feulement à un, deux ou trois joints au plus de chaque arche.

Au pont de Mantes, dont l'arche du milieu avoit, ainfi
que je l'ai dit ci-devant, pareille ouverture de 120 pieds
& 35 pieds de hauteur fous clef, les joints s'étoient ouverts
à peu-près comme à celui de Neuilly.

Décintrement des Ponts.

Pour diminuer le taffement des voûtes, & faciliter le
décintrement des ponts, l'ufage ordinaire a été jufqu'à
préfent, de pofer à fec un certain nombre des derniers cours
de vouffoirs, de les ferrer fortement avec des coins de bois
chaffés à coups de maillet entre des lattes favonnées, & de
les couler & ficher enfuite avec mortier de chaux & ciment;
cependant on ne l'a point fait au pont de Neuilly, parce
que j'ai penfé que la percuffion de ces coups de maillet feroit
peu d'effet pour ferrer les vouffoirs entr'eux fur d'auffi groffes
maffes de pierre, chacun de ces vouffoirs étant du poids au
moins de cinq milliers, & jufqu'à huit ou dix milliers;
j'avois d'ailleurs appréhendé de caffer des vouffoirs, comme
cela eft arrivé à d'autres ponts, en chaffant ces coins qui
font fouvent en porte-à-faux, à caufe de la difficulté que l'on
a pour les placer exactement les uns vis-à-vis des autres.

Quelques Ingénieurs font dans l'ufage de laiffer les voûtes
le plus de temps qu'ils peuvent fur les cintres; d'autres les
font démonter tout de fuite, après les avoir fait fermer.

Lorfque l'on a affez de temps à la fin de la campagne, on
fait bien d'attendre un mois ou fix femaines; mais il eft

toujours prudent de ne point décintrer avant que les mortiers des joints des derniers cours de voussoirs, aient acquis assez de consistance pour que l'on ne puisse y introduire qu'avec peine, la lame d'un couteau, & cela arrive en moins de quinze jours ou trois semaines, sur-tout si la pierre est sèche, & poreuse, pour qu'elle puisse prendre plus promptement l'humidité du mortier.

Le décintrement du pont de Cravant, a été commencé cinquante jours après que les arches ont été fermées & fait en peu de jours; le tassement de la voûte a été insensible.

La crainte d'être surpris dans l'arrière-saison par les grandes eaux, m'a obligé de commencer le décintrement de l'arche de Nogent-sur-Seine, trois jours après sa fermeture; cet intervalle de temps avoit été employé à battre les coins aux treize derniers cours de voussoirs & à les couler & ficher. Les mortiers auroient cependant exigé plus de temps à ce pont, pour prendre une certaine consistance à cause de la dureté du grès qu'on y avoit employé; mais comptant sur la sûreté de la méthode dont je devois faire usage, je pensai que je ne courrois aucun risque pour la courbure de l'arche & la solidité de l'ouvrage, & qu'il n'en résulteroit qu'un plus grand tassement à la voûte, lequel tassement devenoit même utile pour diminuer les rampes du pont.

Ce décintrement a été fait en cinq jours, de la manière que je l'expliquerai ci-après, en parlant du pont de Neuilly, & qui avoit aussi été employée à celui de Cravant.

Les fermes qui avoient été comprimées seulement de 2 pouces 9 lignes, sous la charge de la voûte, sont remontées de 2 pouces, après l'enlèvement des couchis & des étrésillons du dessous des voussoirs, par le développement de l'élasticité du bois.

Le deuxième jour du décintrement, les joints qui s'étoient ouverts au bas des voûtes, comme je l'ai dit ci-devant, se sont resserrés de deux lignes; le troisième jour, le plus grand joint qui étoit situé du côté de la ville, s'est rouvert de 3 lignes; douze heures après l'enlèvement de tous les couchis, ces grands joints se sont entièrement fermés du côté de la ville, & à deux lignes près, au côté opposé ; ceux de la partie supérieure de la voûte se sont aussi resserrés.

Le tassement total de la voûte, a été en quarante-cinq jours après le commencement du décintrement, de 12 pouces 6 lignes à la clé, se distribuant proportionnellement sur les autres voussoirs jusqu'au dix-septième cours ; au-dessous de ces cours de voussoirs, la courbure s'est relevée de ce dont elle avoit pu baisser sur les cintres pendant la construction de la voûte, ce qui s'est fait pour le total avec tant de régularité, que la courbe se trouve présentement très-agréable au coup-d'œil & sans aucun jaret ; il en est seulement résulté que la partie de l'arc supérieur appartient présentement à un rayon de 123 pieds, au lieu de 100 pieds que ce rayon devoit avoir suivant l'épure, avant l'aplatissement de cet arc : le tassement a augmenté de 15 lignes dans la première année, en sorte qu'il est actuellement de 13 pouces 9 lignes à la clé.

Pour rendre ce changement de courbure plus sensible, & pour distinguer la partie de la voûte qui tend à renverser les culées & les piles de celle des parties inférieures qui résistent à cet effort, j'avois fait tracer avant le décintrement, une ligne horizontale sur les voussoirs des têtes de l'arche, du dessus d'un vingt-huitième cours à l'autre, & d'autres lignes obliques au droit des reins, depuis les extrémités de cette ligne horizontale, jusqu'à l'endroit où se fait la jonction du septième cours avec le mur en évasement de chaque culée.

La ligne horizontale a fait connoître, par sa courbure, celle de l'abaissement des voussoirs correspondans, en y ajoutant celui des extrémités de cette ligne que l'on avoit repairé d'après un point fixe.

Les lignes obliques se sont courbées avec inflexion, en sorte qu'au-dessus du dix-septième voussoir, elles étoient convexes par en bas & concaves au-dessous de ce voussoir ; la plus grande ordonnée, étoit de 6 pouces 10 lignes dans le milieu de la partie convexe, & de 5 pouces 6 lignes aux deux tiers de la partie concave à compter d'en bas.

Ce point d'inflexion auquel doit se faire la séparation des deux actions qui agissent en sens contraire, étoit d'ailleurs rendu sensible par le joint qui s'étoit ouvert en cet endroit.

Le petit arc qui se termine au-dessus du dix-septième voussoir, est de 50 degrés, il comprend presqu'exactement le tiers de la demi-voûte.

La connoissance de ce point d'inflexion est très-importante pour la théorie & le calcul de la poussée des voûtes, & avec de pareilles observations faites sur des arches de différentes grandeurs & courbures, on y parviendra avec plus de sûreté, qu'en établissant des formules, comme l'ont fait M.rs de la Hire *(a)*. Couplet *(b)* & d'Anesy, d'après des hypothèses dont ils ont été obligés de se contenter faute de pareilles observations.

Il me reste présentement à rendre compte du décintrement du pont de Neuilly, qui a exigé les plus grandes précautions à cause de la hardiesse de sa construction.

J'ai dit ci-devant que les fermes sont garnies de couchis avec leurs calles, qui portent les cours de voussoirs, ce sont ces calles & ces couchis qu'il faut ôter lentement & dans un certain ordre, pour détacher les fermes des voûtes, qui pour lors restent isolées, en sorte qu'il n'y ait plus qu'à enlever ou faire tomber les fermes pour achever le décintrement.

J'ai dit aussi que l'on pouvoit considérer deux parties dans une voûte, l'une supérieure qui tend à descendre, l'autre inférieure de chaque côté qui résiste & est repoussée en dehors ; cette dernière partie de chaque côté de la voûte, doit comprendre celles qui ne chargent point les cintres, avant que la clé soit posée.

M. Couplet, ayant fait la recherche de l'arc, dont les voussoirs ne chargent point les cintres, avant que la clé soit posée, a trouvé, en supposant que les voussoirs soient polis & sans frottemens, qu'il devoit être de 30 degrés dans les voûtes en plein-cintre, ou du tiers de la demi-circonférence.

On a vu qu'à l'arche de Nogent-sur-Seine, la partie de l'arc qui a été repoussée en dehors, & qui par conséquent

(a) Mém. de l'Acad. année 1712.

(b) Idem, année 1729.

ne devroit point charger les cintres avant que les clés fuffent
pofées, étoit également du tiers de la demi-circonférence.

Au pont de Neuilly, la courbure des têtes étant d'un
feul arc, foutenue par des vouffures ou efpèces de cornes de
vaches, l'inflexion dont on a parlé ci-devant, ne s'eft point
fait remarquer; mais les plus grands joints ont indiqué que
c'étoit au-deffus du vingt-fixième cours de vouffoirs, que
devoit fe faire de part & d'autre, la féparation de la portion
fupérieure de la voûte, qui tendoit à repouffer les parties
inférieures, & ce point eft à deux vouffoirs au-deffous du
milieu de la demi-voûte, ce qui fe rapproche beaucoup pour
ces arches, de l'hypothèfe de M. de la Hire.

On peut donc, d'après ces obfervations, commencer par
faire ôter fans inquiétude, tous les couchis qui font pofés
de part & d'autre du bas des voûtes, tout au moins jufqu'au
tiers des demi-voûtes, puifque quand les clés font pofées,
ces parties, au lieu de porter fur les cintres, font repouffées
en dehors par la charge des vouffoirs fupérieurs; ce qui le
fait encore mieux connoître, c'eft que les calles & les couchis
qui font pofés au droit de ces arcs inférieurs tiennent peu,
& l'on trouve même que plufieurs d'entre eux fe font détachés
des voûtes, quand on fe préfente pour les enlever.

On doit cependant avoir l'attention d'enlever ces couchis
lentement, en y employant plufieurs jours & en les ôtant
en égal nombre par jour & de chaque côté en même temps,
pour que les fermes qui font repouffées par leur charge fupérieure dans le vide que ces couchis laiffent, ne permettent
à la partie fupérieure de la voûte, de defcendre auffi que
très-lentement, parce que l'on doit empêcher avec le plus
grand foin de laiffer prendre une certaine vîteffe à d'auffi
fortes maffes; ce n'eft qu'en modérant cette vîteffe jufqu'à
ce que tous les couchis des voûtes foient ôtés, qu'on pré-
vient la fracture des pierres & le danger qu'il y auroit pour la
confervation des voûtes même, fi on en ufoit différemment.

Ces obfervations doivent faire abandonner, principalement
pour les voûtes faites avec des cintres retrouffés, l'ancien

uſage qui étoit d'ôter les couchis de deux en deux également de chaque côté dans tout le pourtour de la voûte, & de continuer enſuite la même opération, juſqu'à ce que tous les couchis fuſſent enlevés; car on laiſſoit par cette méthode, des points d'appui ſous l'arc ſupérieur., qui nuiſoient au taſſement uniforme & général, & occaſionnoient ſouvent des jarets & irrégularités dans la courbure des voûtes, ſur-tout aux grandes arches, leſquelles étoient même expoſées à de plus grands accidens, quand il s'y joignoit quelque défaut de conſtruction.

C'eſt, comme on vient de l'expliquer, que l'on a com-mencé le 14 Août 1772, dix-huit jours après la poſe des dernières clés du pont de Neuilly, à ôter les couchis du bas des voûtes, à commencer du neuvième cours de vouſſoirs, ceux du deſſous ayant été poſés ſans couchis; on a continué enſuite juſqu'au 3 Septembre ſuivant, à enlever le reſte des couchis en égal nombre par jour de chaque côté & de ſuite, en montant & en laiſſant quelques jours d'intervalle à diffé-rentes fois ſans y travailler, en ſorte que le tout a été enlevé en dix-neuf journées: ce qui a été fait en obſervant de mettre des étréſillons ou petites pièces de bois poſées debout, entre les fermes & les voûtes, pour faciliter le dévêtiſſement des calles & des couchis ſupérieurs, lorſqu'on s'eſt aperçu que les fermes, en remontant par la force de l'élaſticité des bois, commençoient à nuire à ce dévêtiſſement; il n'en eſt reſté le dernier jour, que ſept cours au haut des fermes que j'ai fait enlever; les étréſillons ont été ruinés, c'eſt-à-dire, détruits avec le ciſeau & le maillet, le tout en moins d'une heure, ce qui s'eſt fait en même temps à toutes les arches. Les Charpentiers commençoient par les rangs des étréſillons les plus éloignés de la clé, & s'en rapprochoient en ruinant toujours en même temps de chaque côté les rangs ſupérieurs; lorſqu'ils furent arrivés au dernier rang, on voyoit ces étréſillons s'écraſer d'eux-mêmes avec force, & celui qui conduiſoit cette opération à l'une des arches, fut renverſé de l'éclat de l'un de ces étréſillons qui vint le frapper ſur les reins. Les fermes qui fe trouvoient pour lors affaiffées de 19 pouces, compris 6 pouces après la pofe des clés, le tout au lieu de 15 pouces, dont elles avoient été furhauffées, fe relevèrent de 5 pouces 6 lignes, & prefque également à chaque arche avec force & bruit.

L'affaiffement des fermes, n'avoit été que de 19 lignes le 18 Juillet, après la pofe du quarante-fixième cours de vouffoirs de chaque côté, & de 7 pouces 4 lignes fous la charge totale de 930 mille livres après la pofe des cinquante-cinq cours de vouffoirs. Cet affaiffement a été de 13 pouces, après avoir pofé les trois derniers cours de vouffoirs, compris celui de la clé.

Pendant que l'on a ôté les couchis, les voûtes ont baiffé de 6 pouces; le taffement a été fubitement de 18 lignes le jour que l'on a ruiné les étréfillons, & de 13 lignes le lendemain ; actuellement que le pavé & les parapets font pofés fur le pont, le taffement eft en total, de 9 pouces 6 lignes, & je préfume qu'il n'augmentera pas encore de plus d'un pouce.

L'arc fupérieur des arches ayant été mefuré après le taffement des voûtes, on a trouvé que fur 33 pieds de corde de la pointe d'une corne de vache à l'autre, la flèche n'a actuellement que 6 pouces 9 lignes de hauteur, ce qui le fait appartenir à un arc de cercle, dont le rayon eft, à très-peu près, de 244 pieds; d'où l'on peut voir la poffibilité que l'on ne connoiffoit pas, avant la conftruction du pont de Neuilly, de faire avec de la pierre dure & dans un lieu convenable, des arches en plein-cintre du double de ce rayon, ou d'environ 500 pieds d'ouverture.

Avant que les clés des arches foient pofées, les joints des vouffoirs tendent à s'ouvrir, comme je l'ai dit, par l'affaiffement des fermes, dont le mouvement part des jambes de force qui font placées contre les piles & les culées pour les foutenir, & s'augmente en s'éloignant vers le haut de ces fermes; mais les clés étant pofées & les cintres fe trouvant bientôt après déchargés, la caufe du mouvement des voûtes

change, & c'est des clés & contre-clés, d'où part en sens
contraire du mouvement des fermes, l'action des voussoirs,
pour se reporter vers les piles & les culées qui doivent
soutenir les voûtes après leur décintrement.

C'est ce dernier mouvement des voussoirs, qui tend à
refermer les joints qui se sont ouverts pendant leur pose,
& cela s'opère plus facilement, lorsque les fermes ont mieux
resisté par leur bon assemblage & leur force, à la charge
des voussoirs.

Au pont de Mantes, le décintrement a été commencé
le 10 Octobre 1764, treize jours après la pose des clés;
on y a employé dix jours. Le tassement total de la voûte,
s'est trouvé quinze mois après sa construction, de 20 pouces
7 lignes, dont 12 pouces sur les fermes avant la pose des
clés, & 8 pouces 7 lignes depuis ce temps; ce qui fait
pour ce dernier tassement, 2 pouces 11 lignes de moins
qu'aux arches qui joignent les culées du pont de Neuilly,
en supposant, comme on l'a dit ci-devant, que ces arches
doivent encore baisser d'un pouce; cette différence vient
vraisemblablement de ce que l'arche du milieu du pont de
Mantes, est moins surbaissée de 5 pieds, que celle du
pont de Neuilly.

Avant de revenir au reste du décintrement du pont de
Neuilly, je crois qu'il est à propos d'observer que les grandes
arches doivent être construites sur des fermes retroussées, à
moins que les voûtes ne soient trop peu élevées & décintrées
comme je viens de l'expliquer, parce qu'en suivant cette
méthode, les voûtes sont soutenues par les fermes, sans
pouvoir corrompre leur courbure, & que les voussoirs se
resserrent insensiblement entre eux, à mesure que les fermes
s'affoiblissent en perdant leur point d'appui, ce qui se fait
lorsqu'on enlève les couchis des parties inférieures de ces
voûtes, contre lesquels les fermes étoient appuyées, & les
voûtes continuent à baisser insensiblement, jusqu'à ce qu'elles
se soutiennent presqu'entièrement sur elles-mêmes; ce qui
arrive de telle sorte, que lorsque l'on vient à ruiner les étrésillons,

on s'aperçoit fenfiblement que les fermes ne portent prefque plus ces voûtes, & qu'elles auroient même pu s'en détacher, fans la force de l'élafticité des bois qui les follicite à remonter.

Le Roi ayant defiré de fe trouver à la partie du décintrement du pont de Neuilly, qu'il étoit poffible de faire fans rien rifquer pour la folidité des arches, dans le peu de temps que Sa Majefté pouvoit donner à ce fpectacle, dont Elle avoit fixé le jour au 22 Septembre 1772, on avoit réfervé de faire tomber les fermes des cintres pour ce jour-là; après avoir enlevé les moifes, les liernes & contrefiches qui auroient nui à cette manœuvre, & après avoir auffi démonté trois fermes, à chacune des deux arches, fituées du côté de Puteaux, pour ne pas trop encombrer, par leur chute, le bras de rivière qui y paffe.

J'avois fait placer deux cabeftans au-devant de chaque arche, & autant au derrière des deux arches fituées du côté de Puteaux, ces derniers pour faire tomber deux fermes du même côté, pendant que les fermes reftantes de ces arches, & celles des autres qui font fituées dans la partie de l'Ifle, devoient être renverfées avec les cabeftans qui étoient placés pour chacune de ces arches, du côté de l'emplacement qui avoit été préparé pour recevoir le Roi. Les cordages étoient attachés vers le haut des fermes, & paffoient fur deux poulies mouflées à chaque bout; huit hommes appliqués aux bras de levier, devoient faire manœuvrer chaque cabeftan, ce qui a été exécuté au coup de tambour, & les fermes ont été renverfées en moins de trois minutes & demie.

La chute de la maffe énorme des bois, dont le poids pour chacune des arches devoit être au moins de 720 milliers, fit remonter l'eau en écume jufque fur le pont; on vit les voûtes à découvert, & le Public parut pour lors vivement affecté d'une furprife agréable, que l'on croit devoir attribuer à la chute fubite d'une charpente, qui, un inftant auparavant, paroiffoit néceffaire au foutien d'un auffi grand édifice.

Les précautions que l'on avoit prises pour la construction de ce pont, dans la conduite duquel j'ai été très-bien secondé par M. Chezy, Ingénieur des ponts & chaussées, & Inspecteur général du pavé de Paris, ont été suivies du plus grand succès; on n'y aperçoit aucune pierre cassée ou qui soit seulement écornée & défectueuse, ni joints ouverts, ce qui est aussi heureux que rare, pour un aussi grand ouvrage.

PONT DE CRAVANT.

60. Pieds

le Gouaz Sculp.

Fermes des trois Ponts.

D. Moises pendantes.
E. Moises Horisontales.
F. Couchis avec leurs Cales.
 la Planche du Pont de Neuilly.

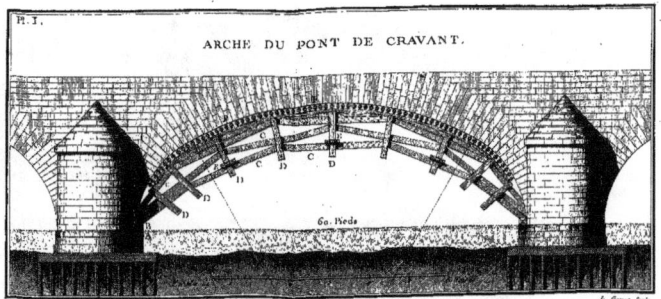

ARCHE DU PONT DE CRAVANT.

60. Pieds

le Cernet Sculp.

Légende pour les Fermes des trois Ponts.

A . Jambes de force.
B . Chapeaux.
C . Arbalestriers.
D . Moises pendantes.
E . Moises Horisontales.
F . Couchis avec leurs Calos.
G . Liernes . Sur la Planche du Pont de Neuilly.

Pl. II.

ARCHE St EDME DE NOGENT SUR SEINE CONSTRUITE EN 1768.

Vue avant le Décintrement

Vue après le Décintrement

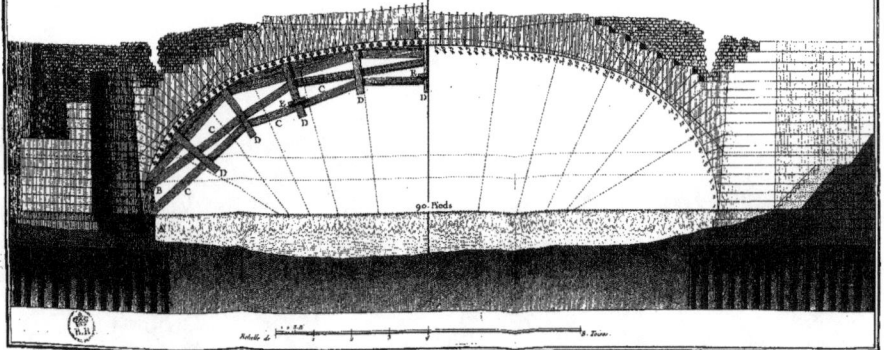

90 Pieds

Echelle de

le Ornac Sculp.

Pl. III.

DESSEIN D'UNE DES CINQ ARCHES DU PONT DE NEUILLY.

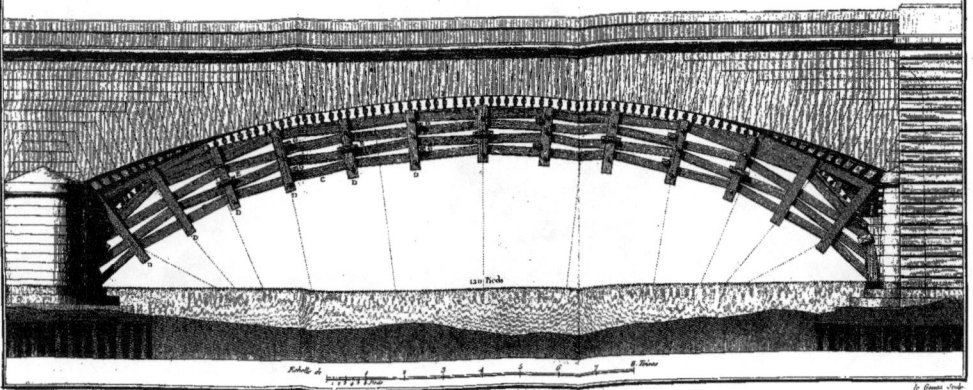

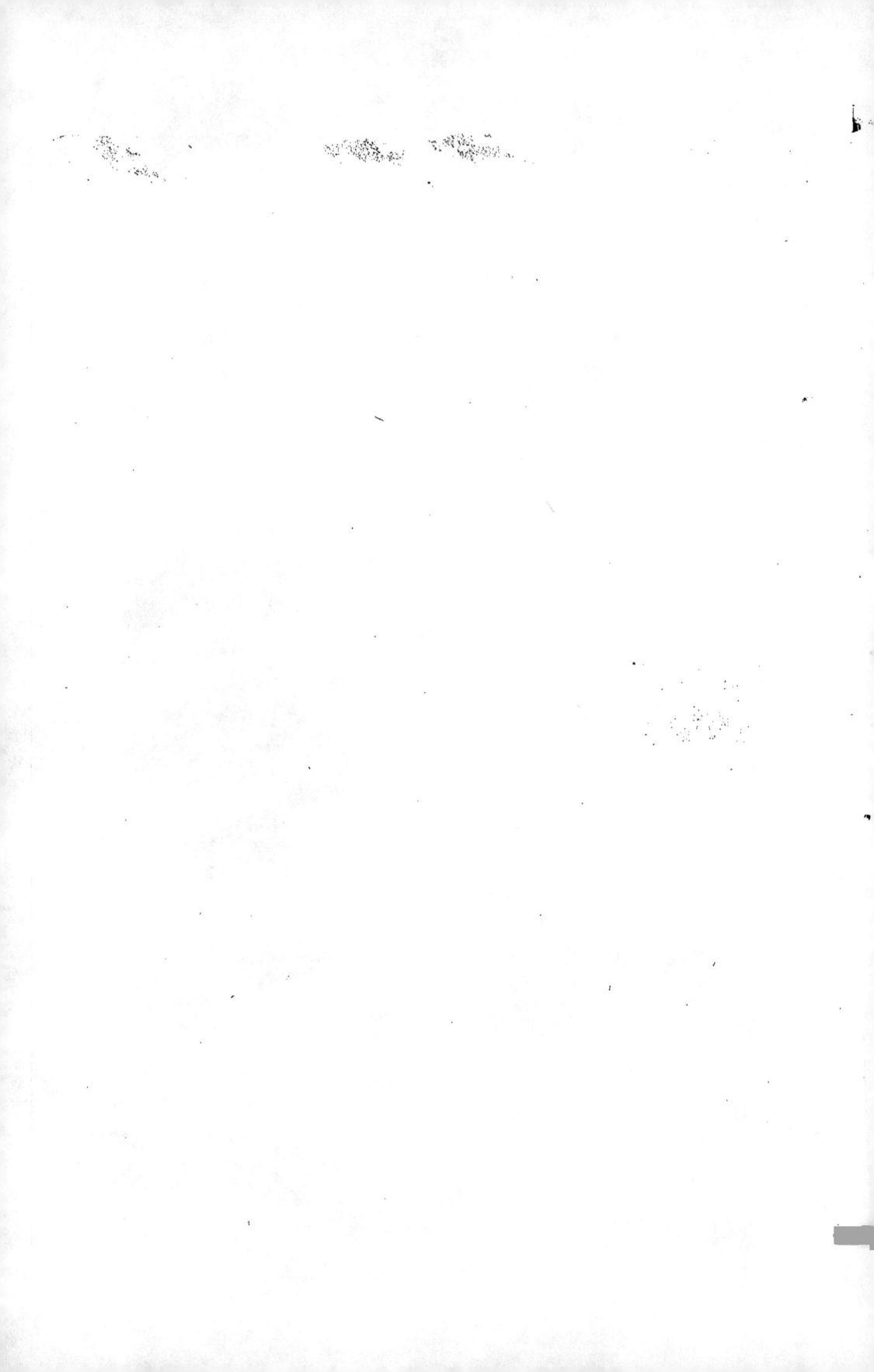

www.ingramcontent.com/pod-product-compliance
Lightning Source LLC
Chambersburg PA
CBHW060457210326
41520CB00015B/3995